家常各式米饭任你选

主　编　吴　杰　吴昊天

编　著　刘　捷　刘思含　王　茹
　　　　王淑芳　王桂杰　王建国
　　　　李　松　李　晶　武淑芬
　　　　任弘捷　宋美艳　方志平
　　　　张亚军　郑玉平

摄　影　吴昊天

金盾出版社

内 容 提 要

这是一本专门介绍家常特色米饭及其制作方法的大众食谱书。书中详细讲授了中国南北各地常见风味米饭的用料、制法及要领,内容包括焖饭、炒饭、盖饭、泡饭、包饭等。全书共有90例,图文结合,每款一图。本书所选各式米饭,营养丰富,味美可口,原料普通,制作简便,不仅适合广大家庭及美食爱好者照本学做,也可供大小餐馆、酒家和快餐店经营参考。

图书在版编目(CIP)数据

家常各式米饭任你选/吴杰,吴昊天主编. -- 北京 : 金盾出版社,2012.6
ISBN 978-7-5082-7438-6

Ⅰ.①家… Ⅱ.①吴…②吴… Ⅲ.①大米—食谱 Ⅳ.①TS972.131

中国版本图书馆 CIP 数据核字(2012)第 033609 号

金盾出版社出版、总发行
北京太平路 5 号(地铁万寿路站往南)
邮政编码:100036 电话:68214039 83219215
传真:68276683 网址:www.jdcbs.cn
北京蓝迪彩色印务有限公司印刷、装订
各地新华书店经销
开本:889×1194 1/24 印张:4 彩页:96 字数:40 千字
2012 年 6 月第 1 版第 1 次印刷
印数:1~6 000 册 定价:18.00 元

前　言

　　米饭是我国各族人民的主食之一，特别是南方广大地区，百姓一日三餐的主食基本以米饭为主，在人们的日常饮食中占有十分重要的地位。

　　与面食相比，米饭的花色品种及制作方法，看起来似乎比较简单，其实不然。我国是稻米生产和消费大国，自古以来米饭就是广大群众最重要的主食，经过历代劳动人民和厨师的长期实践并不断创新，其制法及品种日益完善和丰富，并形成了不少具有地方特色风味的著名米饭，如羊肉焖饭、扬州炒饭、朝式盖饭、什锦拌饭、海鲜泡饭、生菜包饭等等。这些特色米饭，有的香咸滋润，有的酥松糯软，有的清香爽口，有的油而不腻，既富有营养，又味美可口，深受大众青睐。但是，据调查，目前图书市场上关于面点加工技艺的书比比皆是，而专门介绍各式米饭具体制法的书相对少见，这与当今人们希望米饭也能打破单一制法和品种的愿望不相适应。正是针对这一状况，我们专门编写了这本

《家常各式米饭任你选》，以满足广大读者的需求。

　　本书由多位高级烹饪师、营养师、摄影师编写而成。作者从中国南北各地众多的特色米饭中精选了最受大众欢迎的90种，通过简洁的文字和精美的彩图，加以详细讲解，以供大家学习制作。本书内容翔实，科学实用，图文并茂，易懂好学，是一本十分难得的米饭食谱。只要你照书习作，定能做出色香味俱佳的美味米饭。

　　愿本书带给你的不仅是美味与营养，更是健康与快乐。

编　者

目 录

羊肉焖饭

提示

要选用嫩羊肉，如果肉质较老，要提前烧至五六成熟，再和大米等同煮。

制作

❶ 胡萝卜、土豆、洋葱去皮洗净，同青椒、羊肉分别切成 2 厘米见方的丁。大米淘洗干净。

❷ 羊肉丁用料酒、酱油拌匀，腌渍 20 分钟。炒锅内加植物油烧热，下入羊肉炒透，至颜色微红，倒入电饭锅内。❸ 大米、胡萝卜、土豆、洋葱均放入羊肉锅内，加足水，加入精盐调匀，盖上盖，焖至熟烂，放入青椒挑散拌匀，装入盘内即成。

原料

大米 500 克，羊肉 200 克，胡萝卜 150 克，土豆 100 克，洋葱 75 克，青椒 25 克，料酒 20 克，精盐 3 克，酱油 15 克，植物油 20 克。

1

提示

玉米糁要提前浸泡 2 ~ 3 小时，以节省焖制的时间。喜欢吃甜的焖制时也可以加点白糖或红糖。

红薯焖饭

制作

❶ 粗玉米糁淘洗干净，泡透。红薯去皮洗净，切成丁。❷ 玉米糁下入锅内，加入水烧开，下入红薯丁调匀，焖至熟透，盛入碗中，再扣入盘中即成。

原料

粗玉米糁、红薯各 300 克。

猪油菜饭

提示

用小火焖制，中间要搅动几次，以免煳底。

制作

❶ 粳米淘洗干净。油菜切成段。胡萝卜切成丁。❷ 锅内加入熟猪油烧热，下入胡萝卜丁略炒，下入粳米，加水拌匀烧开，焖至八成熟。❸ 下入油菜段，加入精盐、味精拌匀，焖至熟透，装盘即成。

原料

粳米 400 克，胡萝卜、油菜、熟猪油各 75 克，精盐 3 克，味精 2 克。

提示

小麦仁要提前浸泡3小时以上。焯制西兰花的盐，不在原料之内，用盐量在3克左右。

腊肉焖饭

制作

❶ 小麦仁淘洗干净，浸泡透。大米淘洗干净。腊肉放入蒸锅内蒸透取出。❷ 腊肉、土豆切成丁。西兰花切成小块。❸ 小麦仁、大米、腊肉、土豆下入锅内，加水焖至软烂。西兰花下入加盐的沸水中，焯烫一下捞出，投凉，用余下的调料拌匀。焖熟的饭装入碗内，扣入盘中，围上西兰花即成。

原料

大米200克，小麦仁、腊肉各150克，土豆、西兰花各100克，蒜末10克，精盐3克，味精1克。

4

大米绿豆饭

提示

焖制时，不要掀开锅盖。绿豆提前浸泡可以节省煮制的时间。

制作

❶ 绿豆淘洗干净，加入温水泡涨。大米淘洗干净。❷ 锅内放入清水，下入绿豆及泡绿豆的原汁用小火煮至六成熟。❸ 下入大米搅匀，继续用小火煮至汤汁稠浓，盖上锅盖，改用微火焖至熟烂、汤干，离火，继续闷约15分钟左右，出锅盛入盘内即成。

原料

大米 275 克，绿豆 40 克。

鸡肉紫米饭

制作

❶ 紫米淘洗干净，浸泡透。鸡肉切成丁。❷ 黄豆下入沸水锅内焯烫一下捞出。鸡肉丁用料酒、葱姜汁、精盐、湿淀粉拌匀上浆。❸ 泡好的紫米倒入锅内，下入黄豆烧开，下入鸡丁、芝麻油，继续焖熟，装盘即成。

原料

紫米 300 克，鸡肉 150 克，水发黄豆 30 克，料酒、葱姜汁、芝麻油各 10 克，湿淀粉 5 克，精盐 2 克。

党参二米饭

提示

党参要用小火煮，使营养充分溶于汤中。

制作

❶ 大米、细玉米糁分别淘洗干净。❷ 锅内放入清水，下入洗净的党参烧开，煮 30 分钟，捞出党参不用。下入淘洗干净的细玉米糁烧开，煮至五成熟。❸ 下入大米搅匀，盖上锅盖，改用微火焖至米饭熟烂、汤干，离火，继续闷 10 分钟左右即成。

原料

细玉米糁、大米各 200 克，党参 20 克。

7

枣香糯米饭

提示

糯米要提前浸泡 2 小时以上。

制作

❶ 糯米淘洗干净，浸泡透。红枣洗净去核，切成丁。鸡脯肉切成丁。❷ 鸡肉丁用料酒、精盐、湿淀粉拌匀上浆。❸ 锅内加水烧开，下入糯米、红枣、鸡肉丁搅匀，焖至熟透，装盘即成。

原料

糯米 200 克，红枣 50 克，鸡脯肉 75 克，料酒 10 克，精盐 1 克，湿淀粉 5 克。

绿豆玉米饭

提示
焖制时，中途不要掀开锅盖。

制作

❶ 玉米楂、绿豆分别淘洗干净后，加入冷水浸泡3小时左右。

❷ 锅内放入清水，下入玉米楂用小火烧开，煮至五成熟。❸下入绿豆，用手勺搅匀，盖上盖，改用微火焖至米饭熟烂、汤干，离火再闷10分钟左右，盛入盘内即成。

原料
玉米楂350克，绿豆50克。

9

什锦双米饭

制作

❶ 薏仁米、糯米、花生、莲子、香菇分别泡透。❷ 红枣去核，同香菇、青笋、腊肉分别切丁。❸ 薏仁米、花生、莲子下入锅内，加水烧开，煮至三成熟，下入糯米、红枣、香菇、腊肉，加入黄酒、姜末、精盐、高汤精、芝麻油搅匀，焖至熟透，下入青笋丁拌匀，装盘即成。

原料

薏仁米、糯米各 100 克，花生、莲子、红枣、香菇各 25 克，腊肉、青笋各 50 克，黄酒、姜末、芝麻油各 10 克，精盐 3 克，高汤精 2 克。

红烧肉焖饭

提示

高粱米提前浸泡可以节省焖制时间。白糖用小火炒，不能炒糊。

制作

❶ 高粱米淘洗干净，浸泡透。大米淘洗干净。土豆切成丁。芸豆切成小段。五花肉切成小块。❷ 五花肉下入沸水锅内焯烫捞出。锅内加油，放入白糖炒成红色，下入五花肉，炒至上色，加入料酒、酱油、葱段、姜片、八角炒香，加水烧至五成熟，拣出葱、姜、八角不用。❸ 下入高粱米、大米、土豆、芸豆、精盐，继续焖至熟烂，装盘即成。

原料

高粱米 200 克，大米、五花肉各 150 克，土豆、芸豆各 100 克，料酒、酱油各 15 克，白糖、葱段、姜片各 10 克，八角、精盐各 2 克，油 20 克。

11

提示

小麦仁要提前泡透。猪肝要先泡去血水，揾干水分再上浆，不能炒过火。

辣酱猪肝焖饭

制作

❶ 小麦仁淘洗干净，浸泡透。大米淘洗干净。洋葱、猪肝分别切成丁。❷ 猪肝丁用料酒、胡椒粉、湿淀粉拌匀上浆。锅烧热加入油，下入姜末、猪肝丁煸炒至微熟，下入洋葱、辣椒酱、白糖炒匀，离火。❸ 小麦仁下入锅内，加水烧开，煮至五成熟，下入大米焖至汤汁快干时，下入炒好的猪肝、洋葱，继续焖熟，装碗即成。

原料

大米 200 克, 小麦仁 50 克, 猪肝 125 克, 洋葱 50 克, 辣椒酱 25 克, 料酒、姜末各 10 克, 白糖 3 克, 湿淀粉 5 克, 胡椒粉 1 克, 油 20 克。

南瓜猪肉焖饭

提示

糙米不易熟，要提前浸泡或提前煮制。

制作

❶ 糙米淘洗干净，浸泡透。大米淘洗干净。南瓜、胡萝卜、土豆去皮，切成小块。猪肉切成小块。❷ 锅内加水，下入猪肉块、糙米烧开，焖至糙米五成熟。❸ 下入大米、南瓜、土豆、胡萝卜、精盐，继续焖至熟透、汤干，装碗扣盘即成。

原料

大米 200 克，糙米 75 克，猪肉、南瓜各 150 克，土豆、胡萝卜各 75 克，精盐 1 克。

香菇排骨焖饭

制作

❶ 青稞米淘洗干净，加清水浸泡透。大米淘洗干净。香菇、胡萝卜切成小块。排骨剁成段。

❷ 锅内加水，下入排骨烧开，撇净浮沫，加入姜片、料酒，炖至五成熟。❸ 拣出姜片，下入青稞米、大米、香菇、胡萝卜、芝麻油、精盐炒匀，焖至熟烂，汤干，关火，再焖 10 分钟，装盘即成。

原料

青稞米、大米各 200 克，猪排骨 300 克，水发香菇、胡萝卜各 50 克，精盐 2 克，料酒、芝麻油、姜片各 10 克。

牛肉彩豆焖饭

提示

花生仁及黑豆等可以提前洗净放入暖水瓶中浸泡，这样可以大大节省焖饭的时间。

制作

❶ 花生仁、黄豆、黑豆、绿大豆淘洗干净，用温水浸泡透。大米淘洗干净。❷ 牛肉切成小丁，用料酒、葱姜汁、精盐、湿淀粉拌匀上浆。❸ 泡好的花生仁、黄豆、绿大豆、黑豆下入锅内，加入鲜汤烧开，煮至五成熟，下入大米及适量水、牛肉丁、芝麻油，继续煮至软烂、汤干，关火，再闷10分钟，装盘即成。

原料

大米300克，牛肉、花生仁、绿大豆、黄豆、黑豆各50克，料酒、葱姜汁、芝麻油各10克，精盐1克，湿淀粉5克，鲜汤300克。

二米绿豆焖饭

制作

❶ 绿豆洗净，泡透。大米、小米淘洗干净。胡萝卜、鸡肉分别切成丁。❷ 鸡肉丁用料酒、葱姜汁、精盐、湿淀粉拌匀上浆。❸ 锅内加水，倒入绿豆及泡绿豆的水烧开，煮至五成熟。下入大米、胡萝卜丁、鸡肉丁、小米、芝麻油，继续煮至熟烂、汤干，关火，再闷 10 分钟，挑散，装盘即成。

原料

大米 300 克，绿豆、小米、胡萝卜、鸡肉各 75 克，料酒、葱姜汁、芝麻油各 10 克，精盐 2 克，湿淀粉 5 克。

雪菜豆芽焖饭

提示

薏仁米要提前浸泡3小时以上。雪里蕻要先泡去部分咸味，否则会过咸。

制作

❶ 薏仁米淘洗干净，浸泡透。雪里蕻浸泡去除咸味，切成丁。猪肉切成丁。❷ 猪肉丁用料酒、葱姜汁、湿淀粉拌匀上浆。黄豆芽下入沸水锅内焯烫一下捞出。❸ 薏仁米下入锅内，加水烧开，煮至五成熟，下入黄豆芽、猪肉丁焖至汤汁将尽时，下入雪里蕻继续焖熟，关火，再焖10分钟，盛入碗内，扣在盘中即成。

原料

薏仁米400克，猪肉、黄豆芽各125克，雪里蕻75克，料酒、葱姜汁各10克，湿淀粉5克。

17

提示

要选用略带肥肉的羊肉，那样焖出来的饭香浓味美。

制作

❶ 大米淘洗干净。山药、羊肉分别切成丁，羊肉丁用料酒、胡椒粉拌匀略腌。❷ 羊肉丁下入锅内，加入水烧开，煮至七成熟。❸ 大米下入羊肉锅内，下入山药丁、姜末、精盐、芝麻油调匀，焖至熟透，装盘即成。

原料

大米 400 克，羊肉 300 克，山药 200 克，姜末、料酒、芝麻油各 10 克，胡椒粉 1 克，精盐 3 克。

双豆板栗焖饭

提示

黄豆、绿黄豆要提前浸泡2小时以上，喜欢吃软烂的也可以提前下锅煮至五成熟再下大米。

制作

❶ 黄豆、绿黄豆洗净泡透。大米淘洗干净。❷ 猪肉切成丁，用料酒5克、精盐0.5克及湿淀粉拌匀上浆。❸ 大米下入锅内，加入水，下入板栗、黄豆、绿黄豆、猪肉丁烧开，撇净浮沫。加入余下的精盐、味精、料酒、姜末、芝麻油调匀，焖至熟透，装碗扣盘即成。

原料

大米300克，板栗仁125克，猪瘦肉75克，黄豆、绿黄豆各25克，料酒、芝麻油各10克，姜末5克，精盐、湿淀粉各3克，味精2克。

牛肉香菇焖饭

提示

可将泡香菇的水沉淀滤净后用来煮饭。

制作

❶ 大米、小米分别淘洗干净。牛肉、香菇分别切成小块。❷ 牛肉下入锅内，加足水烧开，撇净浮沫，加入葱姜汁、料酒、老抽，焖至五成熟。❸ 下入香菇、大米、小米、精盐、芝麻油调匀，继续焖至熟透，饭菜装入碗内，扣入盘中即成。

原料

大米、牛肉各 200 克，小米 50 克，水发香菇 75 克，葱姜汁、料酒各 10 克，老抽 5 克，精盐 2 克，芝麻油 10 克。

双色肉丁焖饭

提示
原料丁不要切得过大。

制作

❶ 大米、小米淘洗干净。胡萝卜、鸡肉、猪肉分别切丁。青豆洗净。❷ 鸡肉、猪肉丁用料酒 10 克、精盐 1 克、葱姜汁、湿淀粉拌匀上浆。胡萝卜、青豆下入沸水锅内焯烫一下捞出。❸ 锅内加水，下入大米、小米、鸡肉、猪肉丁、胡萝卜、青豆、精盐、芝麻油搅匀烧开，焖至熟透，装盘即成。

原料

大米 150 克，小米、鸡肉、猪肉、胡萝卜各 75 克，青豆 30 克，料酒、葱姜汁、芝麻油各 10 克，精盐 3 克，湿淀粉 5 克。

提示

粗玉米糁要提前浸泡 2 小时以上，以节省煮制的时间。

制作

❶ 粗玉米糁淘洗干净泡透。香菇切成丁。红枣洗净去核。猪肉切成丁。❷ 猪肉丁用料酒、葱姜汁、精盐、湿淀粉拌匀上浆。❸ 粗玉米糁下入锅内，加入清水、红枣、香菇烧开，下入肉丁、芝麻油继续焖至熟烂，装盘即成。

原料

粗玉米糁300 克，猪肉 100 克，水发香菇、红枣各 50 克，料酒、葱姜汁各 10 克，精盐 1 克，湿淀粉 5 克，芝麻油 10 克。

牛肉芸豆焖饭

提示

芸豆段要下入加有盐水和食用油的沸水锅内焯烫一下捞出，以保持芸豆的翠绿。所用精盐和油不在原料之内。

制作

❶ 大米、小米分别淘洗干净。芸豆切成小段。牛肉切成小块，用料酒、葱姜汁拌匀略腌。

❷ 锅内加水，下入牛肉烧开，撇净浮沫，煮至五成熟，下入大米，焖至大米五成熟。❸ 下入焯过的芸豆段、小米、精盐、芝麻油，继续焖至汤干，关火，再闷10分钟，装盘即成。

原料

大米、牛肉各300克，芸豆150克，小米60克，料酒、葱姜汁、芝麻油各10克，精盐2克。

莲枣花生黄金饭

制作

❶ 粗玉米糁、莲子、花生仁淘
洗干净,浸泡透。红枣洗净去核。

❷ 锅内加水，下入粗玉米糁、
莲子、花生仁烧开，煮至五成熟。

❸ 下入红枣、核桃仁，继续用
小火焖至熟烂、汤干,装盘即成。

原料

粗玉米糁300克，红枣 50 克，莲子、花生仁各 25 克，核桃仁 20 克。

南瓜盅饭

提示

米和配料的用量要根据南瓜的大小而定。

制作

❶ 糯米淘洗干净浸泡透。香菇、鸡肉分别切成丁。❷ 南瓜切下顶部，挖去瓤。鸡丁用料酒、葱姜汁、湿淀粉拌匀上浆。青豆下入沸水锅中焯烫一下捞出。

❸ 全部原料放在一起拌匀装入南瓜内，切下的南瓜顶盖在上面，放入蒸锅内蒸熟取出。

原料

小南瓜 1 个，糯米 100 克，鸡肉 50 克，青豆、香菇各 25 克，料酒、葱姜汁、芝麻油各 10 克，精盐、湿淀粉各 3 克。

25

人参红枣饭

提示

糯米要泡 2 小时以上。薏仁米浸泡的时间要
比糯米长。也可以焖熟。

制作

❶ 薏仁米、糯米分别淘洗干净,
浸泡透。❷ 红枣洗净去核。人
参洗净,用温水泡透,切成片。
❸ 人参、红枣各半放入容器内,
放入一半薏仁米、糯米,再放
入余下的红枣、人参片,放入
余下的米,加入泡人参的水,
放入蒸锅内蒸熟取出,翻扣在
盘内,淋上蜂蜜即成。

原料

薏仁米、糯米各 50 克,红枣 30 克,人参 1 棵,蜂蜜 15 克。

26

蜜汁果味饭

提示

加糖量可以根据个人的喜好和体质，红糖也可以换成白糖或冰糖。蜂蜜不能早下锅，以免破坏营养。

制作

❶ 莲子、糯米提前洗净泡透。葡萄干、蜜枣、青果洗净。山楂糕切成丁。❷ 蜜枣、葡萄干、山楂糕丁、青果、杏脯、莲子铺在容器内，上面放上泡好的糯米，加上水，放入蒸锅内蒸至熟烂取出，扣在盘中。❸ 锅内加入适量水、红糖炒开，用湿淀粉勾芡，淋入芝麻油、蜂蜜搅匀，浇在饭上即成。

原料

糯米 150 克，蜜枣 50 克，山楂糕、葡萄干、莲子、青果、杏脯各 35 克，蜂蜜、红糖各 25 克，芝麻油、湿淀粉各 10 克。

27

提示

紫米、糯米、莲子要浸泡 2 小时以上，以节省蒸制时间。

制作

❶ 紫米、糯米、莲子分别淘洗干净，浸泡透。❷ 葡萄干、红枣、枸杞子分别洗净。红枣去核。❸ 紫米、糯米放在一起拌匀，放入锅内蒸至八成熟，红枣、枸杞子、莲子、葡萄干相间摆入碗内。将米饭摊在上面，再放入蒸锅内蒸熟取出，扣在盘内即成。

原料

紫米 75 克，糯米 50 克，葡萄干、红枣、莲子各 25 克，枸杞子 15 克。

扬州炒饭

提示

原料丁要尽量切得均匀一致。虾仁和肉丁要用热锅凉油小火炒制。鸡蛋液倒入锅中后，要快速搅炒成细碎的蛋片。米饭要提前挑散。

制作

❶ 将熟鸡脯肉、熟火腿、熟鸭肫、熟笋、香菇、猪肉、海参分别切成小丁。虾仁、猪肉丁同放入容器内，加入料酒7克、湿淀粉拌匀上浆。青豆洗净。鸡蛋磕入碗内搅散。❷ 锅置火上烧热，加入植物油20克，下入虾仁、猪肉丁煸炒至熟，下入葱末、干贝、青豆、海参丁、火腿丁、熟笋丁、鸡肉丁、香菇丁、熟鸭肫丁炒匀，加入余下的料酒、鸡汤及精盐2克，炒匀炒透出锅。❸ 另将锅内加入余下的植物油置火上烧热，倒入鸡蛋液炒散至熟，下入挑散的大米饭，加入余下的精盐炒匀，再倒入炒好的配料炒匀，装盘即成。

原料

大米饭300克，鸡蛋3个，熟鸡脯肉、熟火腿、猪肉、水发海参各35克，水发干贝、虾仁、熟笋各25克，青豆、水发香菇各20克，熟鸭肫1个，料酒、葱末各10克，精盐3克，鸡清汤25克，淀粉3克，植物油50克。

熟猪肚必须软烂。肉丁、肚丁要用小火充分炒透入味。

蒜肚炒饭

制作

❶ 蒜薹切成小段。熟猪肚、猪肉分别切成丁。**❷** 猪肉丁用料酒5克、精盐0.5克及湿淀粉拌匀上浆。猪肚丁下入沸水锅内焯透捞出。**❸** 锅内加入植物油烧热，下入猪肉丁煸炒变色，下入葱、姜末、猪肚丁炒香，加入料酒、汤、精盐、鸡精、白糖、蒜薹炒透入味，下入大米饭、胡椒粉炒匀，装盘即成。

原料

大米饭200克，熟猪肚、猪肉各75克，蒜薹50克，葱、姜末各5克，料酒15克，精盐、白糖、湿淀粉各3克，鸡精2克，胡椒粉1克，汤50克，植物油20克。

三鲜炒饭

提示
用青稞米煮饭要提前浸泡 2～3 小时，提前煮至半熟再同大米一起煮。

制作

① 熟鸡肉、芥蓝切丁。海参切丁。芥蓝、海参分别下入沸水锅内焯烫捞出。② 虾仁用料酒 10 克、精盐 0.5 克及湿淀粉拌匀上浆。③ 锅烧热加油，下入虾仁、海参炒熟，下入蒜片、葱丁、姜米炒香，下入鸡丁、芥蓝丁、料酒、精盐、白糖炒匀，下入青稞米饭、味精炒匀，淋入芝麻油，装盘即成。

原料

青稞米饭 200 克，海参、熟鸡肉、鲜虾仁、芥蓝各 50 克，葱丁、蒜片、姜米、芝麻油各 10 克，精盐、白糖、湿淀粉各 3 克，味精 1 克，油、料酒各 20 克。

豉椒炒饭

制作

① 熟虾仁、熟鸡肉、胡萝卜、青辣椒分别切成丁。泡辣椒切碎。② 锅烧热加油，下入泡辣椒、豆豉、葱丁、蒜丁炒香，下入胡萝卜丁炒熟，下入辣椒丁、鸡肉丁、虾仁、精盐、白糖、蚝油、料酒炒匀。③ 下入薏仁米饭炒匀，加入味精炒匀，装盘即成。

原料

薏仁米饭 200 克，熟虾仁、熟鸡肉各 50 克，胡萝卜、青辣椒各 35 克，泡辣椒、豆豉各 15 克，葱丁、蒜丁、蚝油、料酒各 10 克，精盐、白糖各 2 各，味精 1 克，油 20 克。

虾干炒饭

提示
也可以改用虾皮或蛏子干、银鱼干等。

制作

❶ 干虾仁漂洗干净，放入料酒中浸泡。青、红尖椒切成辣椒圈。❷ 锅烧热加油，下入葱花、蒜片、姜末炝香，下入干虾仁及料酒略炒，下入青、红椒圈和火腿肠丁、白糖、精盐炒匀。❸ 下入红豆糙米饭、味精炒匀，装盘即成。

原料

红豆糙米饭 200 克，干虾仁 25 克，火腿肠丁 50 克，青、红尖辣椒 20 克，蒜片、葱花各 10 克，料酒 15 克，姜末、白糖各 5 克，精盐 2 克，味精 1 克，油 20 克。

提示

喜欢吃软烂的可以将豆芽下锅后加汤多烧一会儿。

素豆炒饭

制作

❶ 黄豆芽、绿豆芽洗净。胡萝卜切成丁。❷ 黄豆芽、绿豆芽下沸水锅内焯透捞出。❸ 锅烧热加油，下入葱、姜、蒜末炝香，下入胡萝卜丁、黄豆芽、绿豆芽、鸡精、精盐炒匀至熟，下入米饭炒匀，装盘即成。

原料

大米饭 200 克，黄豆芽、绿豆芽各 30 克，胡萝卜 75 克，葱、姜、蒜末各 5 克，精盐、鸡精各 2 克，鸡油 20 克。

什锦二米饭

提示

配料丁要切得小一点。

制作

❶ 胡萝卜、芹菜、木耳、火腿肠、猪肉分别切成丁。猪肉丁用料酒5克、精盐0.5克及湿淀粉拌匀上浆。❷ 锅烧热加油，下入肉丁炒至变色，下入葱、姜、蒜末、胡萝卜丁炒香，下入芹菜、木耳、火腿肠、料酒、生抽、精盐、白糖炒熟。❸ 下入二米饭炒匀，加入味精，装盘即成。

原料

二米（大米、小米）饭200克，猪瘦肉75克，火腿肠、胡萝卜、芹菜各50克，水发木耳35克，葱、姜、蒜末、生抽各10克，料酒15克，湿淀粉、精盐、白糖各2克，味精1克，油20克。

牡蛎蛋炒饭

制作

❶ 菠菜洗净，下入沸水锅内焯烫一下捞出，投凉，挤去水分，切成段。牡蛎肉冲洗干净，下入加有精盐的沸水锅内焯烫一下捞出。❷ 鸡蛋磕入碗内搅散。锅内加入油20克烧热，倒入鸡蛋液，快速搅炒至熟，出锅备用。❸ 锅内另加油烧热，下入葱、姜、蒜末炝香，下入牡蛎肉、料酒、精盐炒匀，下入菠菜、米饭、鸡蛋炒匀，撒入味精、胡椒粉炒匀，装盘即成。

原料

大米饭200克,牡蛎肉175克,鸡蛋2个,菠菜100克,精盐3克,味精1.5克, 胡椒粉1克, 葱、姜、蒜末、料酒各10克, 油40克。

36

双珍肉炒饭

提示

黄花、木耳焯烫一下，达到去污的目的即可，时间不宜过长。炒制时用小火。

制作

1️⃣ 将洗好的黄花切成小段。木耳、猪瘦肉切成丁。2️⃣ 猪肉丁放入容器内，加入料酒5克、精盐0.5克、湿淀粉拌匀上浆。锅置火上加入热水烧开，下入黄花、木耳焯烫一下捞出。3️⃣ 另将锅置火上烧热，加入植物油，下入猪肉丁炒散至熟，下入姜末、葱花炒出香味，下入黄花、木耳、蚝油、料酒炒熟，下入米饭，加入精盐、味精炒匀，出锅装盘即成。

原料

米饭150克，猪瘦肉75克，水发黄花、水发木耳各35克，料酒15克，葱花、姜末、蚝油各10克，精盐3克，味精2克，湿淀粉5克，植物油25克。

鹿肉金米饭

制作

❶ 熟鹿肉、胡萝卜、青蒜分别切成丁。❷ 锅烧热加油，下入葱、姜末、鹿肉丁、胡萝卜丁略炒，加入料酒、汤炒透。❸ 下入玉米糙饭、青蒜、精盐炒匀炒透，加入味精、芝麻油炒匀，装盘即成。

原料

玉米糙饭 200 克,熟鹿肉 125 克,胡萝卜 60 克,青蒜 25 克,料酒、芝麻油、葱、姜末各 10 克, 精盐 3 克, 味精 1.5 克,油、汤各 20 克。

香辣狗肉饭

提示

狗肉必须提前煮烂。此饭也可以用玉米饭、小米饭、二米饭等炒制。

制作

❶ 熟狗肉、青辣椒切成块。泡辣椒切小段。❷ 锅加油烧热，下入蒜片、葱花、姜米、泡辣椒炒香。下入狗肉、青辣椒、料酒、生抽、白糖炒匀。❸ 下入大米饭、精盐、味精炒匀，装盘即成。

原料

大米饭 200 克，熟狗肉 100 克，青辣椒 50 克，泡辣椒 25 克，蒜片 15 克，葱花、姜米各 5 克，生抽、料酒各 10 克，精盐、白糖各 2 克，味精 1.5 克，油 20 克。

黄花蛋炒饭

制作

❶ 鸡蛋磕入碗内搅散。黄花切成小段。木耳、猪肉切成小丁。肉丁用料酒5克、精盐0.5克及湿淀粉拌匀上浆。❷ 锅烧热，加油20克，倒入鸡蛋液搅炒成碎蛋块出锅。❸ 锅内加入余下的油，下入猪肉丁煸炒至变色，下入葱、姜、蒜末炒香，下入黄花、木耳、料酒、蚝油、汤炒开炒透，下入米饭、鸡蛋、精盐炒匀，加入胡椒粉，装盘即成。

原料

大米饭200克，鸡蛋2个，猪肉、水发黄花各60克，水发木耳25克，葱、姜、蒜末、蚝油、料酒各10克，精盐、湿淀粉各3克，胡椒粉1克，汤25克，油35克。

双椒白肚炒饭

提示

如果是外买的猪肚一定要焯烫。也可买生猪肚反复洗净，加水、葱、姜、料酒煮至软烂。

制作

❶ 猪肚和青、红椒分别切成丁。❷ 猪肚下入沸水锅内焯透捞出。❸ 锅烧热加油，下入葱、姜末炝香，下入猪肚丁、料酒炒香，下入青、红辣椒和精盐炒熟，下入大米饭炒匀，加入味精、芝麻油炒匀，装盘即成。

原料

大米饭 200 克，白煮猪肚 150 克，青、红辣椒各 25 克，精盐 3 克，味精 1 克，葱末、姜末、料酒、芝麻油各 10 克，油 20 克。

41

肉末枸杞炒饭

制作

❶ 枸杞子漂洗干净，用料酒浸泡。❷ 锅烧热，加入植物油，下入猪肉末炒干水分，下入葱、姜末炒香，倒入枸杞子及料酒炒匀。❸ 倒入二米饭，撒入精盐、味精炒匀，装盘即成。

原料

二米（大米、细玉米糁）饭200克，猪肉末50克，枸杞子15克，葱、姜末、料酒各10克，精盐3克，味精1.5克，植物油20克。

胡椒肚丁炒饭

提示

熟猪肚要软烂。胡椒粉不要过早下锅，以免失去辛辣味。

制作

❶ 猪肚、油菜均切成丁。肚丁下入加有醋的沸水锅中焯透捞出。❷ 炒锅内加入花生油烧热，下入葱花、蒜末炝香，下入肚丁、十三香粉煸炒，加入料酒炒匀，下入油菜丁略炒。❸ 下入小米饭，加入精盐炒匀炒透，加入味精、胡椒粉，淋入芝麻油，出锅装盘即成。

原料

小米饭200克，熟猪肚100克，油菜25克，葱花、芝麻油各10克，料酒15克，蒜末5克，精盐3克，味精、醋、胡椒粉各2克，十三香粉0.5克，花生油20克。

43

酱肉山药炒饭

制作

❶ 山药、胡萝卜、牛肉分别切成丁。❷ 锅内放油烧热，下入葱、姜、蒜末炝香，下入牛肉丁、胡萝卜丁、山药丁炒匀，加料酒、汤、精盐炒匀至熟。❸ 下入大米饭炒透入味，加味精炒匀，装盘即成。

原料

大米饭 200 克，山药 100 克，胡萝卜、酱牛肉各 75 克，料酒 10 克，葱、姜、蒜末各 5 克，精盐 2 克，味精 1 克，植物油 20 克，汤 50 克。

青瓜鹿肉炒饭

提示
要选嫩鹿肉，略带一点肥的炒出来的饭会更香。

制作

❶ 黄瓜、鹿肉分别切丁。❷ 鹿肉丁用料酒、酱油、湿淀粉拌匀上浆。❸ 锅烧热加油，下入鹿肉丁煸炒至变色，下入葱、姜、蒜炒香，下入黄瓜丁、精盐炒匀，下入玉米糙饭炒匀，加入味精，装盘即成。

原料

玉米糙饭 200 克，鹿肉 125 克，黄瓜 100 克，料酒、酱油、葱花各 10 克，蒜末、姜末各 5 克，湿淀粉 3 克，精盐 2 克，味精 1.5 克，油 20 克。

提示

番茄、橙子炒制后口味会更酸，要适当多加一点糖。也可以根据喜好加入果酱。

制作

❶ 熟猪肉、番茄、橙子（去皮）分别切成小丁。❷ 锅加油烧热，下入葱花、蒜米炝香，下入猪肉丁略炒，下入番茄丁、白糖炒匀至熟。❸ 下入橙子丁、大米饭、精盐炒匀炒透，装盘即成。

原料

大米饭 200 克，番茄、橙子、熟猪肉各 75 克，葱花 10 克，白糖 8 克，蒜米 5 克，精盐 2 克，油 20 克。

洋葱木耳炒饭

提示
肉丁和洋葱要用小火炒透再下入二米饭。

制作

❶ 洋葱、木耳、猪肉分别切成小丁。❷ 猪肉丁用料酒、湿淀粉及精盐1克拌匀。❸ 锅烧热加油，下入猪肉丁炒至变色，下入姜末、洋葱、木耳炒匀，下入米饭、酱油、精盐炒匀，加入味精炒匀，装盘即成。

原料

二米（大米、小米）饭200克，猪瘦肉100克，洋葱、水发木耳各50克，姜末、料酒各10克，酱油15克，湿淀粉3克，精盐2克，味精1克，油20克。

47

芦笋牛肉炒饭

制作

❶ 芥菜干洗净泡透，与芦笋、胡萝卜、牛肉分别切成丁。❷ 牛肉丁用料酒、酱油、湿淀粉拌匀上浆。❸ 锅内加油烧热，下入葱末、姜末炝香，下入牛肉丁略炒，下入胡萝卜丁、芥菜干炒匀，下入芦笋炒熟，下入玉米糙饭、精盐炒匀，加入味精炒匀，装盘即成。

原料

玉米糙饭 200 克，芦笋、牛肉各 75 克，胡萝卜 50 克，芥菜干 30 克，葱末、姜末、料酒各 10 克，酱油 5 克，精盐、湿淀粉各 3 克，味精 1.5 克，植物油 20 克。

猴头肉丁炒饭

提示
猴头焯烫一下去除苦涩味。

制作

❶ 猴头、山药、猪肉分别切成丁。❷ 猴头下入沸水锅内焯透捞出。猪肉丁用料酒5克、精盐0.5克、湿淀粉拌匀上浆。❸ 锅烧热加入鸡油，放入猪肉丁略炒，下入葱末、姜末、猴头、山药，加入清鸡汤、精盐、白糖、料酒炒匀入味，下入大米饭炒匀，加入味精炒匀，装盘即成。

原料

大米饭200克，水发猴头125克，猪肉100克，山药75克，葱末、姜末、料酒各10克，精盐、白糖、湿淀粉各3克，味精1.5克，清鸡汤50克，鸡油20克。

49

猴头菇要焯烫一下去除苦涩味。猴头菇、香菇要用小火多炒一会儿，充分入味。

双菇肉丁炒饭

制作

❶ 猴头、香菇、猪肉分别切成小块。❷ 猴头菇下入沸水锅内焯烫一下捞出。肉丁用料酒5克、精盐0.5克及湿淀粉拌匀。

❸ 锅烧热加入鸡油，下入肉丁煸炒至变色，下入葱花、姜、蒜米炒香，下入猴头菇、香菇、料酒、白糖、精盐、肉汤、高汤精炒熟入味，下入玉米糙饭炒匀，加入味精炒匀，装盘即成。

原料

玉米糙饭200克，水发猴头、水发香菇、猪肉各75克，料酒15克，葱花10克，姜、蒜米、白糖、湿淀粉各5克，精盐、高汤精各3克，味精2克，鸡油20克，肉汤125克。

羊肉豆角炒饭

提示

熟羊肉要充分煮至软烂。焯豆角时加入一点精盐和食用油可以使豆角色泽更翠绿，不易变色。豆角中含有大量的皂甙和血球凝集素，不熟透就食用会发生中毒，一定要充分焯透、炒透。

制作

❶ 熟羊肉切成 1.5 厘米大的丁。豆角掐去边筋，洗净，切成 2 厘米长的丁。❷ 锅置火上加入热水烧开，加入精盐 1.5 克、植物油 5 克，下入豆角焯透至熟，捞出。❸ 另将锅置火上烧热，加入余下的植物油，下入姜末、葱花炒香，下入羊肉丁、豆角丁煸炒，加入蚝油、鸡精、精盐、白糖、羊肉汤炒匀至入味，下入蒜末、二米饭炒匀炒透，加入味精调匀，出锅装入碗内按实，再扣入盘中即成。

原料

二米（粗玉米糁、绿豆）饭 200 克，熟羊肉、豆角各 100 克，葱花、姜米、蒜末各 10 克，蚝油 15 克，精盐 4 克，鸡精、白糖、味精各 2 克，羊肉汤 50 克，植物油 35 克。

提示

黄豆芽可以根据个人的喜好多加汤焖得软熟一些，再加饭一起炒。米饭的种类可随意。

肉末豆芽炒饭

制作

❶ 蒜薹切成小丁，黄豆芽下入沸水锅内焯透捞出。❷ 锅烧热加入鸡油，下入肉末炒干水分，下入葱、姜、蒜末炒香，下入黄豆芽、汤、料酒、鱼露、精盐炒熟。❸ 下入蒜薹丁、胡椒粉炒匀，下入大米饭、味精炒匀，装盘即成。

原料

大米饭 200 克，黄豆芽 150 克，猪肉末 60 克，蒜薹 25 克，葱、姜、蒜末各 5 克，料酒、鱼露各 10 克，精盐 3 克，味精 2 克，胡椒粉 1 克，汤 50 克，鸡油 20 克。

香菇鱿鱼炒饭

提示

香菇要小火炒透。鱿鱼炒熟即可，不能过火。青笋可根据个人的喜好，喜欢脆嫩的就少炒一会儿。

制作

❶ 青笋、香菇切成丁。鱿鱼治净，切成丁，下入沸水锅内焯烫一下捞出。❷ 锅烧热加入油，下入葱末、姜末炝香，下入香菇丁、高汤炒透，下入鱿鱼丁、青笋丁、精盐、鸡精、料酒炒熟。❸ 下入玉米糙饭炒匀，装盘即成。

原料

玉米糙饭 200 克，鱿鱼 150 克，青笋 75 克，水发香菇 50 克，葱末、姜末、料酒各 10 克，精盐 3 克，鸡精 2 克，高汤 50 克，植物油 20 克。

松仁鱼米炒饭

制作

❶ 青、红椒切成丁。鲜鱼肉（去皮）切成丁，用料酒、湿淀粉及精盐0.5克拌匀上浆。❷ 鱼肉丁下入四成热植物油中滑熟捞出。❸ 锅内留油20克，下入葱末、姜末炝香，下入青、红椒丁和大米饭、精盐炒匀，下入鱼丁、松子仁、味精炒匀，装盘即成。

原料

大米饭200克，鲜鱼肉150克，熟松子仁35克，青、红椒各20克，料酒10克，葱末、姜末、湿淀粉各5克，精盐3克，味精1.5克，植物油200克。

番茄猪肉炒饭

提示
米饭要提前挑散。米饭要在汤汁烧至将尽时再下入锅内。

制作

❶ 番茄、猪肉切成略大的块。

❷ 锅烧热加入植物油，下入肉块、葱花、姜末煸炒至变色，加入肉汤、料酒，烧至五成熟，下入番茄块，加入精盐、白糖烧至熟透，汤汁将尽。❸ 下入大米饭炒匀，加入味精炒匀，装盘即成。

原料

大米饭、番茄各 200 克，猪肉 125 克，葱花、姜末、料酒各 10 克，肉汤 350 克，精盐 3 克，白糖 5 克，味精 2 克，植物油 20 克。

酱瓜羊肉炒饭

制作

❶ 酱黄瓜、葱、羊肉分别切成
略大的丁。❷ 羊肉丁用料酒、
湿淀粉拌匀上浆。❸ 锅烧热加
入油，下入羊肉丁煸炒至熟，
下入葱丁、蒜末、姜末、酱瓜、
白糖炒香，下入米饭，加入酱
油炒匀，加入味精炒匀，装盘
即成。

原料

大米饭 200 克，羊肉、酱黄瓜各 100 克，葱 15 克，料酒、酱油各 10 克，
姜末、蒜末各 5 克，湿淀粉、白糖各 3 克，味精 1.5 克，植物油 20 克。

菜花香菇炒饭

提示

原料丁要切得大小均匀。菜花块尽量切得小一些，但不要切得太碎。

制作

❶ 将菜花洗净，切成小块。香菇洗净，切成小丁。牛肉切成小丁，放入容器内，加入料酒5克、精盐0.5克拌匀腌渍入味，再加入湿淀粉拌匀上浆。❷ 锅内放玉米油烧热，下入肉丁用小火炒至断生，下入香菇丁炒至微熟，下入菜花块改用中火炒匀，加汤、余下的料酒、精盐炒匀至熟。❸ 下入绿豆玉米饭、蒜末、鸡精、味精、胡椒粉炒匀至入透味，装盘即成。

原料

绿豆玉米饭200克，牛肉、菜花各75克，水发香菇50克，料酒15克，精盐、鸡精各2克，味精1克，蒜末10克，胡椒粉0.5克，湿淀粉2克，汤50克，玉米油20克。

57

原料丁要切得大小均匀。 为了保持黄瓜丁脆嫩的口感，炒制时间不要过长。

黄瓜鸡丁炒饭

制作

❶ 黄瓜洗净，同鸡肉均切成1厘米见方的小丁。❷ 锅内放入玉米油烧热，下入黄瓜丁、鸡丁用中火煸炒，加入料酒、葱姜汁、黄酱、酱油、汤炒匀至熟。

❸ 下入绿豆玉米饭炒匀，加入精盐、鸡精、味精、胡椒粉炒匀至入透味，装盘即成。

原料

绿豆玉米饭200克，熟鸡肉75克，黄瓜50克，料酒、葱姜汁、黄酱、酱油各10克，精盐、鸡精各2克，味精1克，胡椒粉0.5克，汤20克，玉米油20克。

豆干兔肉炒饭

提示
熟米饭要提前搅散。用中火炒制。

制作

❶ 熟兔肉、豆腐干、青椒均切成1厘米见方的丁。大蒜切成小丁。❷ 锅内放玉米油烧热，下入蒜丁炝香，下入兔肉丁、豆腐干丁炒匀，烹入料酒、葱姜汁、汤炒匀至熟。❸ 下入青椒丁炒匀，下入绿豆大米饭、鸡精、精盐、味精、胡椒粉炒匀至入透味，装盘即成。

原料

绿豆大米饭 200 克，熟兔肉 100 克，豆腐干 50 克，青椒 30 克，蒜 15 克，料酒、葱姜汁各 10 克，精盐、鸡精各 2 克，味精 1 克，胡椒粉 0.5 克，汤 30 克，玉米油 20 克。

59

葱香肉末炒饭

制作

❶ 洋葱、芹菜切成小碎丁。鹿肉末内加入醋拌匀。❷ 锅内放入玉米油烧热，下入鹿肉末用中火煸炒，烹入料酒、葱姜汁，加汤炒开，下入洋葱丁、芹菜丁炒匀至熟。❸ 下入绿豆大米饭、精盐、鸡精、味精、胡椒粉炒匀至入透味，装盘即成。

原料

绿豆大米饭 225 克，鹿肉末 100 克，洋葱、芹菜各 50 克，料酒、葱姜汁各 10 克，精盐、鸡精、醋各 2 克，味精 1 克，胡椒粉 0.5 克，汤 25 克，玉米油 20 克。

多彩高粱米饭

提示
原料丁要尽量切得均匀一致。

制作

❶ 芹菜、洋葱、木耳、火腿肠、鸡肉分别切成丁。❷ 鸡肉丁用料酒5克、精盐0.5克及湿淀粉拌匀上浆。❸ 锅烧热加油，下入鸡肉丁炒散至熟，下入红干椒段、葱、姜、蒜炒香，下入火腿肠、洋葱、芹菜、木耳、料酒、精盐炒熟，下入高粱米饭、味精炒匀，装盘即成。

原料

高粱米饭200克，鸡肉、火腿肠各50克，芹菜、洋葱、水发木耳各25克，红干椒段15克，葱花、蒜末、姜末各5克，料酒15克，精盐、湿淀粉各3克，味精1.5克，油20克。

花生香干鸡肉饭

制作

❶ 香干切成小丁。鸡肉切丁，用料酒、湿淀粉及精盐0.5克拌匀。❷ 豌豆下入沸水锅内焯熟捞出。❸ 锅烧热加油，下入鸡丁炒散至熟，下入葱、姜、蒜末炒香，下入豌豆、香干、精盐炒入味，下入二米饭炒匀，下入花生米、味精炒匀，装盘即成。

原料

二米饭200克,鸡肉125克,香干75克,油炸花生米50克,嫩豌豆30克,料酒10克,葱花、姜末、蒜末各5克,精盐3克,味精、湿淀粉各1克,油20克。

鱿鱼须党参炒饭

提示

用做炒饭的米饭要提前挑散。

制作

❶ 党参洗净，切成段，用清汤浸泡。胡萝卜、青笋、鱿鱼须分别切成丁。❷ 鱿鱼丁下入沸水锅内焯烫一下捞出。❸ 锅烧热加入鸡油，下入胡萝卜丁、葱末、姜末略炒，加入党参及清汤炒开，下入鱿鱼丁、青笋丁炒匀，加入精盐、料酒炒熟，下入大米饭炒匀，加入味精炒匀，装盘即成。

原料

大米饭 200 克，净鱿鱼须 150 克，党参 15 克，胡萝卜、青笋各 75 克，姜末、葱末、料酒各 10 克，精盐 3 克，味精 2 克，清汤 30 克，鸡油 20 克。

提示

勾芡时要先将湿淀粉内加水或汤调稀，然后再淋入锅内。

四宝盖饭

制作

❶ 西兰花切成小块。西红柿切成小橘瓣块。木耳切成小片。鸡蛋磕入容器内搅散成鸡蛋液。

❷ 锅内放油烧热，倒入鸡蛋液煎熟成鸡蛋块盛出，下入焯过的西兰花、葱花、木耳、料酒炒匀。❸ 下入西红柿炒匀，加入精盐、鸡精、味精炒匀至熟，用湿淀粉勾芡，出锅盖在盘内大米饭上即成。

原料

热米饭 200 克, 鸡蛋 2 个, 西红柿、西兰花各 75 克, 水发木耳 50 克, 料酒、葱花各 10 克, 精盐、鸡精各 3 克, 味精 1 克, 湿淀粉 5 克, 植物油 30 克。

鸡翅盖饭

提示

米饭的量和鸡翅量可根据人数增减。此饭也可在烧鸡翅时根据喜好加入一些土豆、菜花、番茄等辅料，使营养更全面。

制作

① 鸡翅洗净，下入沸水锅内焯烫一下捞出。② 锅内加入植物油，下入葱段、姜片炝香，下入鸡翅、料酒、酱油、蚝油、老抽、白糖炒匀上色，加入汤、精盐，焖至鸡翅软烂，加入味精，用湿淀粉勾薄芡，离火。③ 热米饭分别盛入盘内，将鸡翅及汤浇盖在饭上即成。

原料

热米饭 400 克，净鸡翅（中段）500 克，葱段、姜片、料酒、酱油、蚝油各 15 克，老抽、白糖各 5 克，精盐 3 克，味精 2 克，汤 500 克，植物油 20 克，湿淀粉 8 克。

提示

鸡蛋不要煎得过老。

制作

❶ 熟狗肉切成片。辣白菜、辣黄瓜切成条。❷ 锅烧热加油，磕入鸡蛋煎成荷包蛋至熟取出。❸ 热米饭盛入碗内，扣在盘中，中间放上煎荷包蛋，狗肉、辣白菜、黄瓜条、桔梗围摆在鸡蛋四周即成。

原料

热大米饭200克，熟狗肉、辣白菜、辣黄瓜各50克，咸桔梗30克，鸡蛋1个，油15克。

咖喱牛肉盖饭

提示

咖喱要用小火炒，不能炒煳。

制作

❶ 洋葱切成小片，牛肉顶刀切成片。❷ 牛肉片用料酒8克、精盐0.5克及葱姜汁、湿淀粉拌匀上浆。❸ 锅加油，下入咖喱粉炒香，下入洋葱、牛肉及余下调料炒熟，离火。热米饭装入盘内，浇盖上咖喱牛肉即成。

原料

热大米饭200克，牛肉125克　洋葱75克，咖喱粉10克，料酒、酱油、葱姜汁各15克，精盐2克，味精1克，湿淀粉5克，油20克。

提示

鲜贝炒熟即可，炒制时间不要过长。

豌豆鲜贝盖饭

制作

❶ 胡萝卜切成丁，同豌豆一起下入沸水锅内焯烫一下捞出。

❷ 鲜贝揉干水分，用料酒8克、精盐1克、湿淀粉3克拌匀上浆。

❸ 锅内加油烧热，下入葱末、姜末炝香，下入鲜贝略炒，下入胡萝卜丁、豌豆、精盐、料酒、鲜汤炒开至熟，用湿淀粉勾薄芡，加入味精，淋入香油，离火。

❹ 热玉米楂饭盛入盘内，浇盖上炒好的菜料即成。

原料

热玉米楂饭200克，鲜贝125克，胡萝卜75克，嫩豌豆50克，料酒15克，葱末、姜末、香油各5克，精盐3克，味精1.5克，湿淀粉10克，植物油20克，鲜汤150克。

羊肉香菜盖饭

提示
要选用羊里脊肉。香菜梗不要炒制时间过长。

制作

❶ 香菜梗切成段。羊肉切成丝。

❷ 羊肉丝用料酒 7 克、精盐 0.5 克、湿淀粉 5 克拌匀。肉汤及余下料酒、酱油、精盐、味精、白糖、湿淀粉同放入碗内调匀。

❸ 肉丝下入四成热油中滑熟倒入漏勺。锅内留油 20 克，下入葱丝、姜丝炝香，下入香菜梗，倒入羊肉丝，烹入调好的汁翻匀，淋入芝麻油，离火。热米饭盛入盘内，浇盖上炒好的羊肉香菜即成。

原料

热大米饭 200 克，羊肉 175 克，香菜梗 75 克，葱丝、姜丝、芝麻油各 10 克，料酒、酱油各 15 克，白糖、精盐各 2 克，味精 1 克，肉汤 100 克，湿淀粉 12 克，植物油 200 克。

肉末粉条盖饭

提示
粉条用小火炒透，汤汁将尽时再下入蒜薹丁。

制作
❶ 粉条用温水泡软。蒜薹切成小丁。❷ 锅内加鸡油，下入肉末炒散，炒干水分，下入姜末、葱末炒香，烹入料酒、酱油，加入高汤、精盐，下入粉条炒透至熟，下入蒜薹丁炒熟，加入味精、芝麻油炒匀离火。❸ 热米饭盛入盘内，浇盖上炒好的肉末粉条即成。

原料
热米饭 200 克，粉条 100 克，猪肉末 60 克，蒜薹 25 克，料酒、姜末、葱末、芝麻油各 10 克，酱油 15 克，精盐 3 克，味精 2 克，高汤 350 克，鸡油 20 克。

茄汁鸡丁盖饭

提示

大麦仁、大米煮饭前要先泡透。此饭也可以把炒好的茄汁鸡丁浇在其他饭上。

制作

❶ 西红柿、青椒切成丁。鸡肉切成丁。❷ 鸡丁用料酒10克、精盐1克、湿淀粉5克拌匀上浆，下入四成热油中滑熟倒入漏勺。❸ 锅内留油20克，下入葱花、蒜米炝香，下入西红柿、番茄酱煸炒，下入青椒丁、料酒、精盐、白糖、汤炒开，下入鸡丁，用湿淀粉勾芡，离火。二米饭盛入碗中，再扣入盘内，浇盖上茄汁鸡丁即成。

原料

热二米（大麦仁、大米）饭200克，鸡肉125克，西红柿75克，青椒、番茄酱各50克，白糖、料酒各15克，葱花、蒜米、湿淀粉各10克，精盐3克，汤50克，油300克。

71

肉丝豆芽盖饭

制作

❶ 豆芽洗净。猪肉切成丝，用料酒 10 克、湿淀粉 5 克及酱油拌匀。❷ 猪肉丝下入四成热油中滑熟倒入漏勺。❸ 锅内留油 20 克，下入姜丝、蒜丝炝香，下入绿豆芽略炒，加入料酒、汤、精盐炒开，用湿淀粉勾芡，下入猪肉丝、味精翻匀。热二米饭盛入盘内，浇盖上豆芽肉丝，放上葱丝即成。

原料

热二米（薏仁米、糯米）饭 200 克，猪肉 125 克，绿豆芽 75 克，绿葱丝、姜丝、蒜丝、酱油各 10 克，料酒 20 克，湿淀粉 12 克，精盐 3 克，味精 2 克，汤 75 克，油 200 克。

香辣鱿鱼盖饭

提示

鱿鱼丝要用大火速焯。大火热油速炒。

制作

❶ 洋葱、红干椒、鱿鱼分别切成丝。韭菜切成段。❷ 鱿鱼下入沸水锅内焯烫一下捞出。❸ 锅加油烧热，下入姜丝、红干椒丝炝香，下入洋葱丝略炒，下入鱿鱼丝、料酒、酱油、白糖、精盐炒匀，加入韭菜段略炒，加入味精离火。热三米饭盛入碗内，再扣在盘内，浇盖上香辣鱿鱼丝即成。

原料

热三米（大米、大麦仁、小米）饭200克，鱿鱼300克，洋葱75克，韭菜35克，红干椒20克，料酒、酱油各15克，精盐、白糖各3克，味精1克，姜丝10克，油20克。

73

提示

鸡丝要顺着肉纹的走向切。绿豆芽用大火热油氽烫一下即可，不能过火。

制作

❶ 绿豆芽掐去芽尖和根须洗净。鸡脯肉切成丝。韭菜切成段。❷ 鸡丝用料酒5克、精盐0.5克、湿淀粉5克拌匀上浆，下入四成热油中滑熟捞出。绿豆芽下入八成热油中冲炸一下倒入漏勺。❸ 锅内留油15克，下入葱丝、姜丝、红干椒丝炝香，下入绿豆芽略炒，下入鸡丝、韭菜段，烹入用余下的调料调成的汁颠翻均匀，离火。热黑玉米糙饭盛入碗内，扣在盘中，浇盖上掐菜鸡丝即成。

原料

热黑玉米糙饭200克，鸡脯肉175克，掐菜（绿豆芽）100克，韭菜35克，红干椒丝、料酒各15克，葱丝、姜丝各10克，精盐3克，味精2克，清汤150克，湿淀粉15克，油300克。

74

香辣兔肉糙米饭

提示
兔肉较嫩，要掌握好炒制的时间。

制作

❶ 干辣椒切成小段。豆豉切碎。香菜切成小段。兔肉切成丁。❷ 兔肉丁用料酒8克、精盐0.5克、湿淀粉5克拌匀上浆。❸ 锅烧热加油，下入干辣椒、豆豉炒香，下入兔肉丁、葱、姜、蒜末炒熟，加入料酒、酱油、精盐、白糖、汤炒开，用湿淀粉勾薄芡，加味精，关火。热二米饭装入盘内，浇上兔肉，再放上香菜段即成。

原料

热二米（糙米、大米）饭200克，兔肉125克，干辣椒20克，豆豉、香菜、料酒、酱油各15克，湿淀粉12克，葱、姜、蒜末各5克，精盐、白糖各2克，味精1.5克，汤50克，油20克。

提示

焯原料时要根据原料不同的性质掌握好下锅的顺序和时间。焯原料时水中加入一点精盐和食用油。

什锦拌饭

制作

❶ 熟鸡肉、西芹、胡萝卜、木耳分别切成丁。❷ 胡萝卜、木耳、西芹下入沸水锅内焯烫一下捞出，投凉，控净水。❸ 胡萝卜丁、西芹、木耳、花生米、鸡肉丁放在容器内，加入精盐、白糖、味精拌匀，再加入花椒油拌匀，装在盘的一边，热紫米饭盛在另一边即成。

原料

热紫米饭 200 克，西芹、胡萝卜、熟鸡肉、煮花生米各 50 克，水发木耳 20 克，精盐、白糖各 2 克，味精 1 克，花椒油 15 克。

双花火腿饭

提示

两种菜花质地不同要分开焯。西兰花不能焯过火。放入水中的精盐和食用油不在原料之内。

制作

❶ 枸杞子洗净。西兰花、菜花分别切成小块，下入加有精盐和食用油的沸水锅内焯烫一下捞出，投凉，沥净水。❷ 火腿肠切成菱形片，同菜花、枸杞子放在一起，加入精盐、味精、蒜汁拌匀，再加入芝麻油拌匀。❸ 热紫米饭盛入碗内，再扣在盘中间，拌好的西兰花围摆在紫米饭的四周，菜花放在西兰花的上面。枸杞子、火腿肠片摆在紫米饭的上面即成。

原料

热紫米饭 200 克，西兰花、菜花各 125 克，火腿肠 50 克，枸杞子、蒜汁、芝麻油各 10 克，精盐 3 克，味精 1 克。

川味豆干饭

提示

猪肉丁、豆瓣酱、豆干要用小火炒，以防止
豆瓣酱炒煳。

制作

❶ 豆干、青椒、胡萝卜、洋葱、木耳、猪肉分别切成丁。豆瓣酱剁碎。❷ 猪肉丁用料酒、湿淀粉各5克拌匀。❸ 锅烧热加油，下入猪肉丁煸炒至变色，下入豆瓣酱、豆豉、姜、蒜末、胡萝卜、豆干丁炒香，下入洋葱、木耳、青椒、酱油、白糖、汤炒熟，用湿淀粉勾芡，加味精离火。热小米饭盛入碗内，扣在盘内一侧，炒好的肉丁豆干盛在小米饭边上即成。

原料

热小米饭 200 克，豆干、猪肉各 75 克，青椒、胡萝卜、洋葱各 50 克，郫县豆瓣酱、水发木耳各 20 克，豆豉、料酒各 15 克，姜、蒜末、酱油、湿淀粉各 10 克，白糖 3 克，味精 1.5 克，油 20 克，汤 50 克。

牛肉豌豆饭

提示
要选嫩牛肉，用小火焖至软烂。

制作

① 牛肉切成小块。洋葱切成丁。

② 锅烧热加油，下入牛肉块、姜片、蒜片、料酒、老抽煸炒至上色，下入番茄酱、洋葱炒匀，加汤、白糖烧开，焖至九成熟。

③ 下入豌豆粒、精盐、焖熟，加入味精、胡椒粉，盛入盘内一侧。热小米饭装碗扣入盘的另一侧即成。

原料

热小米饭 200 克，牛肉 150 克，豌豆 75 克，洋葱 100 克，番茄酱 2 5 克，料酒、姜、蒜片、老抽各 10 克，精盐、胡椒粉各 2 克，白糖 3 克，味精 1 克，肉汤 200 克，油 25 克。

原料丁要切得均匀一致。用小火炒透。勾芡
要薄。

五宝小米饭

制作

① 火腿肠、胡萝卜、香菇分别切成丁。猪肉切成丁。② 猪肉丁用料酒、蚝油各 5 克和湿淀粉 3 克拌匀上浆。豌豆、胡萝卜下入沸水锅内焯烫一下捞出。③ 锅烧热加油，下入猪肉丁炒至变色，下入葱、姜末、胡萝卜丁炒香，下入香菇丁、豌豆、火腿肠丁炒匀，加入汤、料酒、蚝油、精盐、白糖炒开，用湿淀粉勾薄芡，加入味精，装入盘的一边。热小米饭盛入碗中，扣在盘内另一边。

原料

热小米饭 200 克，猪肉、火腿肠、胡萝卜各 75 克，鲜香菇、嫩豌豆各 30 克，料酒、蚝油各 15 克，湿淀粉、葱、姜末各 10 克，精盐、白糖各 3 克，味精 1.5 克，油 20 克，汤 50 克。

什锦排骨饭

提示
排骨是两份的量，可以根据人数增减。

制作

❶ 虾仁用料酒5克、精盐0.5克、湿淀粉拌匀上浆。熟猪肉、胡萝卜、香菇、青菜分别切成小丁。猪排骨剁成段。❷ 排骨下入沸水锅内焯透捞出。锅内加油20克，下入白糖炒成红色，下入排骨煸炒至上色，加入料酒、酱油、葱段、姜片炒匀，加入水烧开，加入精盐1.5克，小火焖至熟烂。❸ 另将锅烧热，加入油，下入虾仁略炒，下入胡萝卜丁、猪肉丁、香菇丁、精盐炒熟，下入青菜丁炒匀，下入大米饭炒匀，盛入碗内，扣在盘的一边。排骨焖至汤干，加入味精，盛在盘内饭的另一边即成。

原料

大米饭300克，猪排骨400克，胡萝卜、虾仁、熟猪肉各50克，水发香菇、青菜各25克，料酒、酱油各20克，白糖、葱段、姜片各10克，精盐、湿淀粉各3克，味精2克，油40克。

81

双椒鱼块饭

制作

❶ 菜心顺切成两半。鲜鱼切成条块，下入七成热油中炸至上色捞出。❷ 锅烧热加油20克，下入川椒、花椒、葱段、姜片炝香，加入汤、料酒、酱油、白糖，下入鱼块、精盐，烧至入味、汤干，加入味精，离火。❸ 菜心下入加有精盐、油的沸水锅内焯烫一下捞出。热小米饭盛入碗内，扣在盘中间，鱼块、菜心围在四周即成。

原料

热小米饭200克，鲜鱼350克，菜心100克，川椒、料酒、酱油、葱段、姜片各15克，花椒10克，白糖5克，精盐2克，味精1克，汤100克，油300克。

吴记三彩饭

提示

紫米、糯米要先浸泡透再蒸。

制作

❶ 糯米、紫米、细玉米分别淘洗干净，分别放入容器内，放入蒸锅内蒸熟。❷ 熟牛肉和青、红椒分别切成丝。金针菇、黄豆芽分别下入沸水锅内焯透捞出投凉，同放入容器内，放入牛肉丝和青、红椒丝，加入全部调料拌匀。❸ 蒸好的玉米饭放入小盆内摊平，中间放上紫米饭，上边放上糯米饭，放在蒸锅内再蒸5分钟，出锅扣在盘内，拌好的菜堆在饭上。

原料

糯米、紫米、细玉米各100克，熟牛肉、黄豆芽、金针菇、青、红椒各35克，葱丝、蒜丝、辣椒油、芝麻油各10克，精盐、白糖各3克，味精1克。

蒜香蛋肠拌饭

制作

❶ 香肠切成条。蒜薹切成段。鸡蛋磕入碗内搅散。❷ 锅烧热加油 20 克烧热，倒入鸡蛋液煎熟成蛋块盛出。❸ 锅内加入余下的油烧热，下入姜丝炝香，下入蒜薹略炒，下入香肠，加入精盐、白糖炒匀至熟，下入炒好的蛋块炒匀离火，热高粱米饭盛入碗内，扣在盘中间，四边围上炒好的菜即成。

原料

热高粱米饭 200 克，鸡蛋 2 个，香肠 100 克，蒜薹 75 克，精盐 3 克，白糖 2 克，姜丝 10 克，油 35 克。

84

牛肉泡饭

提示
牛肉制作比较费时，可以一次多做一些。食用时可以根据个人需要的量添加。

制作

❶ 牛肉切成两块，用清水浸泡去除血污。❷ 锅内加入牛骨汤、调料包、牛肉烧开，改小火煮至牛肉软烂，取出牛肉切成片。❸ 米饭盛入碗内，放上牛肉片。牛肉汤内加入精盐烧沸，小菜心放入牛肉汤中氽熟，放在饭上，再浇上牛肉汤，分别加入味精、胡椒粉，放上辣椒丝、葱丝即成。

原料

大米饭 200 克，牛肉 500 克，小菜心 125 克，辣椒丝、葱丝各 20 克，调料包（姜片 20 克，八角、桂皮各 5 克，花椒 3 克，香叶、小茴香各 1 克）1 个，精盐 5 克，味精 2 克，胡椒粉 1 克，牛骨汤 2500 克。

双鲜泡饭

制作

❶ 鱿鱼肉剞上花刀，切成条块。

❷ 鲜虾、鱿鱼分别下入沸水锅内氽烫一下捞出。❸ 锅内加入鸡汤、葱段、姜片、料酒烧开，煮 3 分钟，捞出葱、姜不用。下入精盐、白糖、蚝油、鱿鱼、鲜虾氽熟，离火。生菜叶铺在碗内，盛入紫米饭，浇上鲜虾鱿鱼汤，放上香菜段即成。

原料

热紫米饭 200 克，净鲜虾、净鱿鱼肉各 75 克，生菜叶 1 片，料酒、蚝油、葱段、姜片、香菜段各 15 克，精盐、白糖各 3 克，鸡汤 500 克。

香辣杂烩泡饭

提示

熟猪肚和肥肠必须软烂。所泡的饭也可以换成其他的米饭。饭菜的量可根据个人食量而定。

制作

❶ 泡辣椒切小段。熟猪肚、熟肥肠切成小块。猪肉、猪肝切成片。❷ 猪肉片、猪肝片用料酒10克、精盐1克及湿淀粉拌匀上浆。猪肚、猪肥肠下入沸水锅内焯烫一下捞出。❸ 锅烧热加油，下入猪肉片、猪肝片煸炒至断生，下入豆瓣酱、泡辣椒、葱、姜、蒜炒香，加入猪肚、肥肠、料酒、酱油炒透，加入猪骨汤烧开，下入金针菇余熟，加入精盐，下入芹菜叶烫熟，关火，加入味精、胡椒粉。热糙米红豆饭分别盛入两个碗内，浇上沸杂烩汤即成。

原料

热糙米红豆饭200克，猪肉、猪肝、熟猪肚、熟肥肠各50克，金针菇、芹菜叶、料酒各25克，泡辣椒、豆瓣酱各15克，湿淀粉、酱油各10克，精盐、味精、胡椒粉各1克，葱、姜、蒜末各5克，油25克，猪骨汤500克。

87

提示

做紫米饭时可以加入适量糯米，以增加黏稠度、营养及口感。紫米表皮有一层硬皮不易熟，要提前浸泡透再焖或蒸熟。

生菜包饭

制作

❶ 火腿、蒜薹切成小丁。红尖辣椒切成辣椒圈。虾仁切成丁。生菜洗净，揾干水分。❷ 虾仁用料酒、精盐及湿淀粉5克抓匀上浆。黄豆芽下入沸水锅内焯透捞出。❸ 锅烧热加油，下入虾仁炒散至熟，下入豆瓣酱、姜末、黄豆芽炒匀，下入蒜薹丁、火腿丁、汤、白糖炒开，下入红椒圈，用湿淀粉勾芡，加味精，离火。❹ 生菜叶铺在盘内。热紫米饭分成等份，分别放在生菜叶上。把炒好的虾仁等分别盛在每份饭上即成。

原料

热紫米饭200克，生菜150克，虾仁50克，火腿、蒜薹、黄豆芽各35克，红尖椒20克，郫县豆瓣酱、料酒各15克，姜末2克，精盐、味精各1克，白糖3克，湿淀粉10克，油20克，汤50克。

农家白菜包饭

提示
香菜梗要用热水烫一下。高粱米饭要趁热包、趁热吃。

制作

❶ 茄子、土豆和青、红辣椒分别切成小丁。❷ 锅烧热加花生油，下入肉末炒干水分，下入葱花、蒜末、辣酱炒香，下入茄丁、土豆丁、酱油炒至熟透、汤干，下入青、红椒丁炒匀，加入芝麻油、香菜末，离火拌匀。❸ 白菜叶洗净分成 10 片，每片放上一份高粱米饭摊开，上面放上一份炒好的酱料，将白菜叶卷起，用一根香菜梗系上，逐个包好后摆入盘内即成。

原料

高粱米饭、嫩白菜叶各 200 克，猪肉末 50 克，茄子、土豆各 75 克，青、红辣椒各 25 克，香菜梗 10 根，香菜末、葱花、辣酱各 20 克，蒜末、酱油、芝麻油、花生油各 15 克，汤 100 克。

紫米饭、糯米饭蒸熟后要趁热挑散，拌入芝麻油和精盐。紫菜用之前先用微波炉烤一下。卷卷时要尽量卷紧。

吴记双色紫菜饭

制作

❶ 胡萝卜、芥蓝切成条，下入沸水锅内，加入精盐2克及食用油焯透捞出。火腿肠切成条。

❷ 熟鸡肉撕成粗丝，同虾仁、胡萝卜、芥蓝放在一起，加入精盐2克及白糖、味精、蒜末、芝麻油5克拌匀。取两根胡萝卜条穿入腌青椒内。❸ 紫米饭、糯米饭分别加入精盐、芝麻油拌匀。紫菜1张铺在案板上，上面铺上1张鸡蛋皮，然后铺一层紫米饭，中间放上拌好的虾仁、鸡肉、胡萝卜、芥蓝，卷成卷，切成段。余下的紫菜、鸡蛋皮上面摊上糯米饭，放上青椒、火腿肠，卷成卷，切成段，相间摆入盘内即成。

原料

热紫米饭、糯米饭各100克，紫菜、摊鸡蛋皮各2张，熟虾仁、熟鸡肉、胡萝卜、芥蓝、火腿肠、腌渍青椒各50克，精盐6克，白糖3克，味精1克，蒜末、食用油各10克，芝麻油20克。